Karthikeyan Elumalai
Manogaran Elumalai
Sivaneswari Srinivasan

Química Inorgânica Farmacêutica Experimental

Karthikeyan Elumalai
Manogaran Elumalai
Sivaneswari Srinivasan

Química Inorgânica Farmacêutica Experimental

ScienciaScripts

Imprint

Any brand names and product names mentioned in this book are subject to trademark, brand or patent protection and are trademarks or registered trademarks of their respective holders. The use of brand names, product names, common names, trade names, product descriptions etc. even without a particular marking in this work is in no way to be construed to mean that such names may be regarded as unrestricted in respect of trademark and brand protection legislation and could thus be used by anyone.

Cover image: www.ingimage.com

This book is a translation from the original published under ISBN 978-613-4-95461-7.

Publisher:
Sciencia Scripts
is a trademark of
Dodo Books Indian Ocean Ltd. and OmniScriptum S.R.L publishing group

120 High Road, East Finchley, London, N2 9ED, United Kingdom
Str. Armeneasca 28/1, office 1, Chisinau MD-2012, Republic of Moldova, Europe
Printed at: see last page
ISBN: 978-620-8-10516-7

ÍNDICE DE CONTEÚDOS

ENSAIO LIMITE PARA O CLORETO

AIM

Determinar o ensaio limite de cloretos numa determinada amostra.

APARELHOS E PRODUTOS QUÍMICOS NECESSÁRIOS

Cilindro de Nessler, ácido nítrico diluído, solução de nitrato de prata 0,1 N

PRINCÍPIO

A impureza radical ácida mais comum foi o cloreto, que geralmente resulta da utilização de água da torneira no processo de fabrico devido à contaminação generalizada desta impureza. A Farmacopeia Britânica especifica um ensaio de limite geral que é aplicável, com pequenas alterações, a um maior número de substâncias medicinais.

$$Cl^- + AgNO_3 \longrightarrow AgCl + NO_3^-$$

$$NaCl + AgNO_3 \xrightarrow{HNO_3} AgCl + NaNO_3$$

O ensaio de limite de cloretos é utilizado principalmente para controlar a impureza de cloretos em substâncias inorgânicas. Baseia-se na reação simples entre o nitrato de prata e os cloretos solúveis para obter cloreto de prata, que é insolúvel em ácido nítrico diluído. O cloreto de prata produzido na presença de ácido nítrico diluído torna a solução de ensaio turva, sendo a extensão da turvação dependente da quantidade de cloreto presente na substância comparada com uma opalescência padrão produzida pela adição de nitrato de prata a uma solução padrão com uma quantidade conhecida de cloreto e o mesmo volume de ácido nítrico diluído utilizado na solução de ensaio. Se a turbidez da amostra for inferior à turbidez padrão, a amostra passará o ensaio limite e vice-versa.

PROCEDIMENTO

PREPARAÇÃO DA SOLUÇÃO DE AMOSTRA

Dissolver 1gm da substância especificada em água destilada numa proveta de Nessler. Adicionar 10 ml de ácido nítrico diluído. Adicionar 1 ml de solução de nitrato de prata 0,1 N e completar até 50 ml com água destilada. A solução é agitada com uma vareta de vidro e mantida à parte durante cinco minutos e compara-se a opalescência com a solução padrão.

PREPARAÇÃO DA SOLUÇÃO PADRÃO

Colocam-se 10 ml de solução-padrão de cloreto (25 ppm) numa proveta de Nessler. Juntar 10 ml de ácido nítrico diluído. Adicionar 1 ml de solução de nitrato de prata 0,1 N e completar o volume com água destilada até 50 ml. A solução é agitada com uma vareta de vidro e mantida à parte durante cinco minutos.

Procedimento

Pegar em dois cilindros de Nessler de 50 ml. Rotular um como Teste e o outro como Padrão.

S. Não.	Teste	Padrão
1.	Dissolver a quantidade especificada da substância em água destilada e transferi-la para o cilindro de Nessler.	Pipetar 10 ml de solução-padrão de cloreto para a proveta de Nessler. Adicionar 5 ml de água destilada.
2.	Adicionar 10 ml de ácido nítrico diluído.	Adicionar 10 ml de ácido nítrico diluído.
3.	Adicionar 1 ml de solução de nitrato de prata 0,1 M.	Adicionar 1 ml de solução de nitrato de prata 0,1 M.
4.	Diluir a 50 ml com água destilada.	Diluir a 50 ml com água destilada.
5.	Agitar imediatamente com uma vareta de vidro e deixar repousar durante cinco minutos.	Agitar imediatamente com uma vareta de vidro e deixar repousar durante cinco minutos.

Observação

Quando observada transversalmente contra um fundo negro, a opalescência produzida no ensaio não é mais intensa do que a opalescência padrão, a amostra passa o ensaio limite para o cloreto.

TESTE LIMITE PARA SULFATOS

AIM

Determinar o ensaio limite de sulfatos numa determinada amostra.

APARELHOS E PRODUTOS QUÍMICOS NECESSÁRIOS

Cilindro de Nessler, sulfato de potássio, vareta de vidro e copo.

PRINCÍPIO

O ensaio limite para os sulfatos é efectuado com base na reação entre o cloreto de bário e os sulfatos solúveis na presença de HCl diluído. A solução de BaCl2 no P.I. foi substituída pelo reagente de sulfato de bário, que contém cloreto de bário, álcool isento de sulfato e solução de sulfato de potássio.

$$SO_4^{2-} + BaCl_2 \longrightarrow BaSO_4 + 2Cl^-$$

$$K_2SO_4 + BaCl_2 \longrightarrow BaSO_4 + 2KCl$$

OBJECTIVO

1. Sulfato de potássio

Foi adicionado sulfato de potássio para aumentar a sensibilidade do ensaio. O sulfato de potássio reage com o cloreto de bário e produz uma pequena quantidade de sulfato de bário que actua como agente de sementeira para a precipitação de sulfato de bário durante o ensaio limite.

2. Álcool sem sulfatos

O álcool ajuda a evitar a super saturação e a produzir uma opalescência uniforme.

3. Cloreto de bário

O cloreto de bário reage com as impurezas de sulfato presentes na amostra para produzir sulfato de bário.

Durante a comparação da turbidez, o padrão deve ser superior ao da amostra.

PROCEDIMENTO

PREPARAÇÃO DO REAGENTE DE SULFATO DE BÁRIO

Misturar 15 ml de cloreto de bário 0,5 M, 55 ml de água destilada e 20 ml de álcool isento de sulfatos, adicionar 5 ml de solução de sulfato de potássio a 0,0181 % p/v. Diluir até 100 ml com água destilada e homogeneizar. A solução deve ser preparada de fresco.

PREPARAÇÃO DA SOLUÇÃO DE AMOSTRA

1. Tomar 1g de amostra.

2. Adicionar 2 ml de HCl diluído.

3. Adicionar 5 ml de reagente de sulfato de bário às soluções.

4. Completar o volume para 50 ml com água destilada e deixar repousar durante 2 minutos num local escuro.

PREPARAÇÃO DA SOLUÇÃO PADRÃO

1. Tomar 1 ml de sulfato de potássio a 0,1089% p/v.

2. Adicionar 2 ml de HCl diluído.

3. Adicionar 5 ml de reagente de sulfato de bário às soluções.

4. Completar o volume para 50 ml com água destilada e deixar repousar durante 2 minutos num local escuro.

5. Comparar a opalescência das duas soluções formadas após 5 minutos num fundo escuro.

Procedimento

Pegar em dois cilindros de Nessler de 50 ml. Rotular um como Teste e o outro como Padrão.

S. Não.	Teste	Padrão

1.	Tomar 1 g de amostra e dissolvê-la em alguns ml de água destilada.	Tomar 1 ml de sulfato de potássio a 0,1089% p/v.
2.	Adicionar 2 ml de HCl diluído.	Adicionar 2 ml de HCl diluído.
3.	Adicionar 5 ml de reagente de sulfato de bário às soluções.	Adicionar 5 ml de reagente de sulfato de bário às soluções.
4.	Completar o volume para 50 ml com água destilada e deixar repousar durante 2 minutos num local escuro.	Completar o volume para 50 ml com água destilada e deixar repousar durante 2 minutos num local escuro.
5.	Agitar imediatamente com uma vareta de vidro e deixar repousar durante cinco minutos.	Agitar imediatamente com uma vareta de vidro e deixar repousar durante cinco minutos.

Observação

Quando observada transversalmente contra um fundo negro, a opalescência produzida no ensaio não é mais intensa do que a opalescência padrão, a amostra passa o ensaio limite para o sulfato.

ENSAIO LIMITE MODIFICADO PARA CLORETOS

AIM

Determinar o ensaio limite de cloretos numa determinada amostra.

APARELHOS E PRODUTOS QUÍMICOS NECESSÁRIOS

Cilindro de Nessler, ácido nítrico diluído, solução de nitrato de prata 0,1 N

PRINCÍPIO

A impureza radical ácida mais comum foi o cloreto, que geralmente resulta da utilização de água da torneira no processo de fabrico devido à contaminação generalizada desta impureza. A Farmacopeia Britânica especifica um ensaio de limite geral que é aplicável, com pequenas alterações, a um maior número de substâncias medicinais.

$$Cl^- + AgNO_3 \longrightarrow AgCl + NO_3^-$$

$$NaCl + AgNO_3 \xrightarrow{HNO_3} AgCl + NaNO_3$$

O ensaio de limite de cloretos é utilizado principalmente para controlar a impureza de cloretos em substâncias inorgânicas. Baseia-se na reação simples entre o nitrato de prata e os cloretos solúveis para obter cloreto de prata, que é insolúvel em ácido nítrico diluído. O cloreto de prata produzido na presença de ácido nítrico diluído torna a solução de ensaio turva, sendo a extensão da turvação dependente da quantidade de cloreto presente na substância comparada com uma opalescência padrão produzida pela adição de nitrato de prata a uma solução padrão com uma quantidade conhecida de cloreto e o mesmo volume de ácido nítrico diluído utilizado na solução de ensaio. Se a turbidez da amostra for inferior à turbidez padrão, a amostra passará o ensaio limite e vice-versa.

PROCEDIMENTO

PREPARAÇÃO DA SOLUÇÃO DE AMOSTRA

Dissolver 1gm da substância especificada em água destilada numa proveta de Nessler. Adicionar 10 ml de ácido nítrico diluído. Adicionar 1 ml de solução de nitrato de prata 0,1 N e completar até 50 ml com água destilada. A solução é agitada com uma vareta de vidro e mantida à parte durante 5 minutos e compara-se a opalescência com a solução padrão.

PREPARAÇÃO DA SOLUÇÃO PADRÃO

Colocam-se 10 ml de solução-padrão de cloreto (25 ppm) numa proveta de Nessler. Adicionam-se 10 ml de ácido nítrico diluído. Adicionar 1 ml de solução de nitrato de prata 0,1 N e completar até 50 ml com água destilada. A solução é agitada com uma vareta de vidro e mantida à parte durante 5 minutos.

ENSAIO LIMITE MODIFICADO PARA SULFATOS

AIM

Determinar o ensaio limite de sulfatos numa determinada amostra.

APARELHOS E PRODUTOS QUÍMICOS NECESSÁRIOS

Cilindro de Nessler, sulfato de potássio, vareta de vidro e copo

PRINCÍPIO

O ensaio limite para os sulfatos é efectuado com base na reação do cloreto de bário e dos sulfatos solúveis na presença de HCl diluído. A solução de cloreto de bário presente no P.I. foi substituída pelo reagente de sulfato de bário, que contém cloreto de bário, álcool isento de sulfatos e uma solução de sulfato de potássio.

$$SO_4^{2-} + BaCl_2 \longrightarrow BaSO_4 + 2Cl^-$$

$$K_2SO_4 + BaCl_2 \longrightarrow BaSO_4 + 2KCl$$

OBJECTIVO

1. Sulfato de potássio

O sulfato de potássio foi adicionado para aumentar a sensibilidade do ensaio. O sulfato de potássio reage com o cloreto de bário produzindo uma pequena quantidade de sulfato de bário que actua como agente de sementeira para a precipitação do sulfato de bário durante o ensaio limite.

2. Álcool sem sulfatos

O álcool ajuda a evitar a super saturação e a produzir uma opalescência uniforme.

3. Cloreto de bário

O cloreto de bário reage com as impurezas de sulfato presentes na amostra, produzindo sulfato de bário.

Durante a comparação da turbidez, o padrão deve estar mais presente na amostra.

PROCEDIMENTO

PREPARAÇÃO DA SOLUÇÃO DE AMOSTRA

1. Tomar 1g de amostra.

2. Adicionar 2 ml de HCl diluído a ambas as soluções.

3. Adicionar 5 ml de reagente de sulfato de bário a ambas as soluções.

4. Completar 50 ml com água destilada e deixar repousar durante 2 minutos num local escuro.

PREPARAÇÃO DA SOLUÇÃO PADRÃO

1. Tomar 1 ml de sulfato de potássio a 0,1089% p/v.

2. Adicionar 2 ml de HCl diluído a ambas as soluções.

3. Adicionar 5 ml de reagente de sulfato de bário a ambas as soluções.

4. Completar 50 ml com água destilada e deixar repousar durante 2 minutos num local escuro.

5. Comparar a opalescência das duas soluções formadas após 5 minutos num fundo escuro.

NOTA

Proteger as duas soluções da luz.

ENSAIO LIMITE PARA O FERRO

AIM

Efetuar o ensaio de limite para o ferro numa determinada amostra.

APARELHOS E PRODUTOS QUÍMICOS NECESSÁRIOS

Cilindro de Nessler, copo, vareta de vidro, espátula.

PRINCÍPIO

O ferro presente na amostra, o teste limite para o ferro baseia-se na reação do ferro com o ácido tioglicólico em solução amoniacal. A cor rosa pálido a púrpura avermelhada é formada devido à formação de tioglicolato. A intensidade da cor é comparada com a intensidade padrão obtida com a solução padrão.

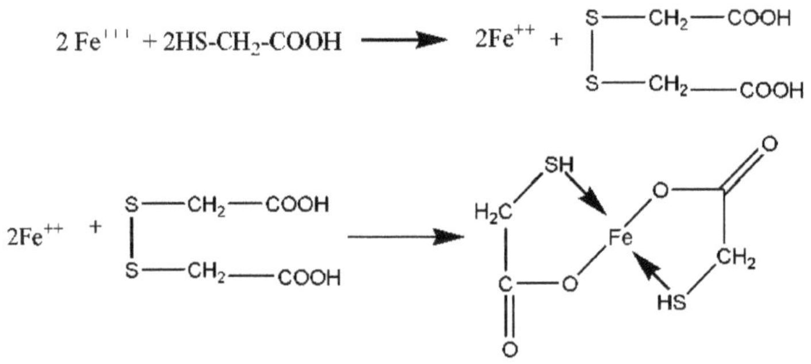

$$2\,Fe^{III} + 2HS\text{-}CH_2\text{-}COOH \longrightarrow 2Fe^{++} + \begin{array}{l} S\text{---}CH_2\text{---}COOH \\ | \\ S\text{---}CH_2\text{---}COOH \end{array}$$

O amoníaco é adicionado para fornecer o meio alcalino, essencial para a formação da cor púrpura. O sal de ferro do hidróxido pode precipitar e interferir na intensidade da cor. Para evitar a formação deste precipitado, adiciona-se uma solução de ácido cítrico.

PROCEDIMENTO

PREPARAÇÃO DA SOLUÇÃO DE AMOSTRA

1. Os 2 ml de solução padrão de ferro são diluídos para 40 ml num cilindro padrão de Nessler

2. Adicionam-se 2 ml de ácido cítrico isento de ferro a 20% e 2 gotas de ácido tioglicolato isento de ferro.

3. A solução foi alcalinizada com uma solução de amoníaco isenta de ferro.

4. O volume é completado até 50 ml diluindo com água e deixando repousar durante 5 minutos.

PREPARAÇÃO DA SOLUÇÃO PADRÃO

1. Dissolve-se uma quantidade especificada (1 g) de NaCl em 40 ml de água destilada numa proveta de Nessler e adicionam-se 2 ml de ácido cítrico a 20% e uma gota de ácido tioglicólico isento de ferro.

2. A solução é alcalinizada com 1 ml de solução de amoníaco isenta de ferro.

3. O volume é diluído para 50 ml com água e deixado em repouso durante 5 minutos

SOLUÇÃO NORMAL DE FERRO (20ppm)

Diluir 1ml de sulfato férrico de amónio 0,1726%w/v em H2SO4 0,05M para 10 volumes com água

ENSAIO LIMITE PARA METAIS PESADOS

AIM

Efetuar o teste de limite para metais pesados na amostra dada.

PRODUTOS QUÍMICOS NECESSÁRIOS

Sulfureto de hidrogénio, amoníaco.

PRINCÍPIO

O ensaio limite para os metais pesados é fornecido para demonstrar o teor de impurezas metálicas que são coradas pelo sulfureto de hidrogénio (H2S) nas condições especificadas. O limite para os metais pesados é indicado nas monografias individuais em termos de partes de chumbo por milhão de partes da substância (em peso), conforme determinado por comparação visual da cor produzida pela substância com a de um controlo preparado a partir de uma solução padrão de chumbo.

A quantidade de metais pesados é determinada por um dos seguintes métodos e conforme indicado nas monografias individuais: O método A é utilizado para as substâncias que produzem soluções límpidas e incolores nas condições de ensaio especificadas. O método B é utilizado para as substâncias que não produzem soluções límpidas e incolores nas condições de ensaio especificadas para o método A, ou para as substâncias que, devido à sua natureza complexa, interferem com a precipitação dos metais pelo ião sulfureto. O método C é utilizado para substâncias que produzem soluções límpidas e incolores com uma solução de hidróxido de sódio.

PROCEDIMENTO

MÉTODO A

SOLUÇÃO PADRÃO

Num cilindro de Nessler de 50 ml, pipetam-se 2 ml de solução-padrão de chumbo e diluem-se com água até 25 ml, ajustam-se com ácido acético diluído Sp. ou solução de amoníaco diluído Sp. até um p^H entre 3,0 e 4,0, diluem-se com água até cerca de 35 ml e misturam-se.

SOLUÇÃO DE TESTE

A uma proveta de Nessler de 50 ml, juntam-se 25 ml da solução de ensaio preparada, ajustada com ácido acético diluído Sp. ou solução de amoníaco diluída Sp. para um p^H entre 3,0 e 4,0, diluída com água até cerca de 35 ml e misturada.

PROCEDIMENTO

A cada uma das garrafas que contêm, respetivamente, a solução de ensaio e a solução-padrão, juntam-se 10 ml de solução de sulfureto de hidrogénio recentemente preparada, misturam-se, diluem-se com água até 50 ml, deixam-se repousar durante cinco minutos e observam-se de baixo para cima sobre uma superfície branca; a cor produzida na solução de ensaio não é mais escura do que a produzida na solução-padrão.

ENSAIO LIMITE PARA O ARSÉNIO

AIM

Efetuar o teste limite para o arsénio na amostra dada.

PRODUTOS QUÍMICOS NECESSÁRIOS

Iodeto de potássio, zinco, HCl concentrado.

PRINCÍPIO

O teste farmacopeico do arsénio, que é um componente tóxico das substâncias medicinais, baseia-se no facto de o arsénio no estado arsenioso poder ser facilmente reduzido a gás arsina ($AsH3$) que, ao passar sobre papel de cloreto de mercúrio, desenvolve uma coloração amarela a castanha, cuja intensidade e duração são proporcionais à quantidade de arsénio. Uma mancha padrão, preparada a partir de uma quantidade definida de arsénio, exprime o limite. A redução do arsénio a arsina, tanto na amostra como no padrão, é efectuada pela ação combinada do zinco, do ácido, do cloreto estanoso e do iodeto de potássio. A arsina é transportada juntamente com o hidrogénio para o papel de cloreto de mercúrio ou de brometo suportado no aparelho de ensaio. A velocidade de evolução do hidrogénio é controlada e depende da quantidade e da superfície do zinco, da concentração de ácido clorídrico, do sal da mistura reacional, da temperatura e das dimensões do aparelho. Uma evolução rápida produz uma coloração longa e difusa, enquanto que uma evolução lenta produz uma coloração curta e intensa.

$$H_3AsO_4 \longrightarrow H_3AsO_3$$
Arsenic acid $\qquad$ Arsenious acid

$$H_3AsO_3 + 6H \longrightarrow AsH_3 + 3H_2O$$
$\qquad\qquad\qquad\qquad$ Arsine

$$2AsH_3 + HgCl_2 \longrightarrow Hg{\overset{\displaystyle-AsH_2}{\diagdown_{AsH_2}}}$$

Quimicamente, a impureza de arsénio é convertida em meio ácido em ácido arsenioso ou ácido arsénico, dependendo do estado de valência do arsénio. A solução reage com um agente redutor, como o cloreto estanoso ou o ácido sulfuroso, para converter o ácido arsenioso pentavalente em ácido arsenioso trivalente, que é convertido em hidreto arsenioso gasoso (gás arsina) com a ajuda do hidrogénio nascente produzido pela ação do zinco com o ácido clorídrico.

O gás arsina é transportado através do tubo com a ajuda de hidrogénio para o papel de cloreto de mercúrio. A reação da arsina com o cloreto de mercúrio produz uma coloração amarela. A intensidade da cor depende da quantidade de arsénio.

PROCEDIMENTO

SOLUÇÃO PADRÃO

Num frasco de boca larga, juntar 5 ml de solução-padrão de arsénio a 10 ppm. Juntar 1 g de 5 ml de iodeto de potássio e 10 g de zinco e montar imediatamente o aparelho, mantendo a temperatura a uma evolução uniforme do gás. Deixar a reação durante 40 minutos. Após 40 minutos, retira-se a mancha produzida no papel de cloreto de mercúrio.

SOLUÇÃO DE TESTE

Introduzir num frasco de boca larga 5 ml de solução de ensaio, como indicado na monografia. Juntar 1 g de 5 ml de iodeto de potássio e 10 g de zinco e montar imediatamente o aparelho, mantendo a temperatura a uma evolução uniforme do gás. Deixar reagir durante 40 minutos. Após 40 minutos, retira-se a mancha produzida no papel de cloreto de mercúrio. Comparar a intensidade da coloração com a do padrão.

PREPARAÇÃO DE ALÚMEN DE POTASSA

AIM

Preparar e apresentar o alúmen de potassa a partir do sulfato de alumínio e do sulfato de potássio e calcular o seu rendimento prático e percentual.

PRODUTOS QUÍMICOS NECESSÁRIOS

Sulfato de alumínio, Sulfato de potássio, Água destilada, Ácido sulfúrico diluído, Et0.anol.

PRINCÍPIO

Alúmen de potássio: K2SO4. (Al so4)3.12H2O

Peso molecular: 1020gm

O alúmen de potássio é o sal de sulfato de potássio e alumínio.

É preparado por uma mistura equimolar de sulfato de alumínio e sulfato de potássio numa quantidade mínima de água contendo uma pequena quantidade de ácido sulfúrico diluído. Ácido sulfúrico diluído e submeter a solução a cristalização.

$$Al_2(SO4)_3.\ 18\ H_2O\ +\ K_2SO_4\ \longrightarrow\ 2KAl(SO_4)_2.\ 12H_2O\ +\ 6\ H_2O$$

CATEGORIA

Adstringente.

PROPRIEDADES

Cor: incolor.

Estrutura: Cristais octaédricos.

PROCEDIMENTO

Tomar 20 ml de água destilada e adicionar 1 ml de ácido sulfúrico diluído. Aquecer a 40^0 c e adicionar 10 g de sulfato de alumínio em pequenas quantidades de cada vez. Pesar com exatidão 2,5 g de sulfato de potássio em pó na solução acima referida e agitar bem. Aquecer a solução com agitação constante até o sulfato de potássio se dissolver. Deixar a solução arrefecer até à temperatura ambiente. Ao arrefecer, os cristais de alúmen de potássio são separados. Decantar cuidadosamente o licor-mãe. Agitar suavemente os cristais com a mistura de etanol e água na proporção de 1:1. Filtrar os cristais, secar e pesar.

PRECAUÇÕES

Evitar o arrefecimento rápido.

Não perturbar a solução durante o arrefecimento.

PESQUISA DE IÕES DE AMÓNIO NO ALÚMEN DE POTÁSSIO

AIM

Efetuar o teste de pureza de uma determinada amostra de alúmen de potassa.

PRODUTOS QUÍMICOS NECESSÁRIOS

Alúmen de potassa, hidróxido de sódio, papel de tornassol

PRINCÍPIO E PROCEDIMENTO DO ENSAIO DO IÃO AMÓNIO

Experiência	Observação	Inferência

Adicionar uma solução fria de hidróxido de sódio ao sal de amónio suspeito e testar com tornassol vermelho o gás que se encontra acima da solução.	É libertado amoníaco malcheiroso e o tornassol vermelho torna-se azul. O aquecimento suave ajuda, mas o amoníaco deve ser libertado à temperatura ambiente.	O gás de amoníaco é libertado porque o amoníaco sem álcalis forma os seus sais. $NH_4^+ + OH^-_{(aq-)} \rightarrow NH_3 + H O_{22} O$ OH- remove um protão do amónio para libertar amoníaco.

PREPARAÇÃO DE ESTERATO DE MAGNÉSIO

AIM

Preparar e submeter o estearato de magnésio e calcular o seu rendimento prático e percentual.

PRODUTOS QUÍMICOS NECESSÁRIOS

Hidróxido de sódio, sulfato de magnésio, ácido esteárico.

PRINCÍPIO

Fórmula molecular: $(C_{17}H_{35}COO)_2 Mg$

Peso molecular: 591gm

O estearato de magnésio é o octato, ácido canóico de sais de magnésio, em que o ácido esteárico é o ácido gordo saturado comum. O composto é constituído por 90% de ácido esteárico e 4,11% de magnésio.

$$C_{17}H_{35}COOH + NaOH \longrightarrow C_{17}H_{35}COONa + H_2O$$

$$C_{17}H_{35}COONa + MgSO_4 \longrightarrow (C_{17}H_{35}COO)_2 Mg + Na_2SO_4$$

O estearato de magnésio é preparado em duas etapas. Quantidades equimolares de ácido esteárico e de hidróxido de sódio reagem entre si, dando origem ao sal de estearato de sódio. O estearato de sódio reage com o sulfato de magnésio, dando origem ao estearato de magnésio.

CATEGORIA

No fabrico de comprimidos, cápsulas e pós, é utilizado como agente deslizante, lubrificante, diluente e anti-aderente.

PROPRIEDADES

Trata-se de um pó fino e volumoso, inodoro e insípido. Solúvel em ácidos diluídos e insolúvel em água.

ARMAZENAMENTO

É armazenado num recipiente hermeticamente fechado.

PROCEDIMENTO

Utilizar um almofariz e um pilão. Transferir 5 g de ácido esteárico e titulá-lo até obter um pó fino. Dissolvê-lo em 10 ml de etanol e 50 ml de hidróxido de sódio a 10%, com agitação constante. O estearato de sódio assim formado é deixado arrefecer e a solução de sulfato de magnésio a 10% é adicionada e bem misturada. O estearato de magnésio formado é recolhido e seco.

PREPARAÇÃO DE ÁCIDO BÓRICO

AIM

Preparar e submeter o ácido bórico e calcular o seu rendimento prático e percentual.

PRODUTOS QUÍMICOS NECESSÁRIOS

Bórax, ácido clorídrico concentrado.

PRINCÍPIO

O ácido bórico é um ácido fraco que é sólido à temperatura ambiente e aparece como cristais claros ou pó branco. É normalmente utilizado como antissético de chamas, retardador e inseticida. O ácido bórico é também utilizado em química orgânica como reagente para uma variedade de reacções químicas. Ocorre naturalmente e pode também ser sintetizado em laboratório através de uma variedade de métodos.

$$Na_2B_4O_7 + H_2SO_4 + 5H_2O \longrightarrow Na_2SO_4 + 4H_3BO_3$$

O ácido bórico é obtido por ação do ácido clorídrico ou do ácido sulfúrico sobre o bórax. Ao arrefecer a mistura reacional, obtêm-se flocos brancos de ácido bórico.

PROCEDIMENTO

Dissolveram-se 10 g de tetraborato de sódio (bórax) em 40 ml de água. A solução produzida foi aquecida. Depois de terminado o processo de aquecimento, adicionaram-se 5 ml de ácido clorídrico conc. à solução. A solução foi deixada num copo até que a temperatura da solução descesse para a temperatura ambiente. O copo foi mergulhado em água fria (gelo) para arrefecer a solução, de modo a que o ácido bórico pudesse ser cristalizado. Os cristais foram filtrados utilizando uma bomba de sucção, um funil de sucção e um filtro com papel de filtro, etc. O copo e a vareta de vidro utilizados na filtração foram lavados com água gelada no funil. O produto resultante da filtração foi retirado do funil de sucção juntamente com o papel de filtro.

PROPRIEDADES

Cor: composto cristalino branco.

Forma: cristalina.

Solubilidade: solúvel em água.

Natureza: de natureza ácida.

ARMAZENAMENTO

Conservar num recipiente bem fechado.

PREPARAÇÃO DE CARBONATO DE CÁLCIO

AIM

Preparar e apresentar o carbonato de cálcio a partir do cloreto de cálcio.

PRODUTOS QUÍMICOS NECESSÁRIOS

Cloreto de cálcio, carbonato de cálcio

PRINCÍPIO

O carbonato de cálcio é preparado por mistura de soluções em ebulição de cloreto de cálcio e carbonato de sódio. O carbonato de cálcio precipitado é filtrado, lavado sem cloreto e seco.

$$CaCl_2 + Na_2CO_3 \longrightarrow CaCO_3 + 2NaCl$$

PROCEDIMENTO

Dissolver cerca de 1 g de cloreto de cálcio anidro em água a ferver. Dissolver cerca de 0,85 g de carbonato de sódio anidro. Adicionar a solução de carbonato de sódio à solução de cloreto de cálcio. Arrefecer e filtrar o produto. Lavar o precipitado sob papel de filtro com água destilada até que o precipitado esteja isento de iões cloreto. Secar o precipitado a 105^0 C numa estufa de ar quente. Calcular o rendimento percentual do produto seco.

ÍNDICE DE INCHAMENTO DA BENTONITE

AIM

Para efetuar o teste de pureza de uma determinada amostra de bentonite

PRODUTOS QUÍMICOS NECESSÁRIOS

Bentonite, água destilada

PRINCÍPIO

Quimicamente, a bentonite é constituída por Al_2O_3, $6SiO_2$, xH_2O, mas existem variações. A bentonite de sódio é amplamente conhecida pelas suas caraterísticas de elevada dilatação. A bentonite sódica típica tem a capacidade de absorver 4-5 vezes o seu próprio peso em água e pode inchar 5-15 vezes o seu volume seco, em saturação total e não confinada. O índice de inchamento ou o procedimento de ensaio de inchamento livre é utilizado para determinar as caraterísticas gerais de inchamento da peça de argila de bentonite sódica. No caso dos revestimentos geossintéticos de argila (gás), não foi demonstrado que o ensaio de índice de inchamento tenha uma correlação proporcional com as propriedades hidráulicas. Embora existam limitações de correlação, uma dilatação elevada é considerada pela maioria como um bom indicador da qualidade da bentonite, pelo que este parâmetro de ensaio pode ser utilizado como um indicador qualitativo simples da argila de base.

PROCEDIMENTO

Para realizar o teste, 2 g de amostra de argila bentonítica seca e finamente moída são dispersos num cilindro graduado de 100 ml em incrementos de 0,1 g. Passa-se um mínimo de 10 minutos entre as adições para permitir a hidratação completa e o assentamento da argila no fundo do cilindro. Estes passos são seguidos até que a amostra de 2 gm tenha sido adicionada ao cilindro. A amostra é então coberta e protegida de perturbações durante um período de 16-24 horas e é registada com uma aproximação de 0,5 ml.

BENTOFIX R VALOR ESPECIFICADO

Embora a argila de bentonite de sódio utilizada em GCLs bent fix R cumpra normalmente um índice de dilatação entre 24 ml e 36 ml, o valor padrão certificado é de 24 ml/2gm no mínimo. Um valor que assegurará que o desempenho especificado para um produto GCL é alcançado.

DETERMINAÇÃO DAS PERDAS POR SECAGEM DO CLORETO DE SÓDIO

AIM

Determinar a perda por secagem do cloreto de sódio.

PRODUTOS QUÍMICOS NECESSÁRIOS

Cloreto de sódio

PRINCÍPIO

Muitas substâncias absorvem humidade durante o armazenamento. Determinação da perda de peso (perda por secagem) quando a substância é seca em condições especificadas, a quantidade de calor a que a substância é submetida varia consideravelmente consoante a natureza da substância. A temperatura deve ser suficientemente elevada para produzir o resultado pretendido num período de tempo razoável, mas não tão elevada que provoque a decomposição.

$$\text{NaCl, } XH_2O \xrightarrow{\text{Heat}} \text{NaCl}$$
$$\text{Hydrated} \qquad\qquad \text{Anhydrous}$$

PROCEDIMENTO

Aquecer um frasco de pesagem limpo, seco, pouco profundo e com rolha num forno de ar quente a 130^0 c durante cerca de 20 min. Transferir para um exsicador e arrefecer durante pelo menos 20 min. Com a rolha colocada de lado no gargalo do frasco, inserir a rolha e voltar a pesar. Reaquecer e voltar a pesar até obter um peso constante. Introduzir cerca de 1 g de amostra (cloreto de sódio) no frasco de pesagem, colocar a rolha e voltar a pesar. Colocar na estufa com a rolha colocada de lado na boca do frasco e aquecer a estufa a 130^0 c durante cerca de 2 horas, arrefecer num exsicador durante pelo menos 20 minutos, colocar a rolha e voltar a pesar. Repetir a secagem e o arrefecimento até se obter um peso constante. Calcular a percentagem de perda de peso.

ENSAIO DE TITULAÇÃO DE BASE ÁCIDA COM CLORETO DE AMÓNIO

AIM

Efetuar o ensaio de uma determinada amostra de cloreto de amónio.

PRODUTOS QUÍMICOS NECESSÁRIOS

Cloreto de amónio, hidróxido de sódio 0,1 N, formaldeído, fenolftaleína, ácido oxálico 0,1 N.

PRINCÍPIO

O doseamento do cloreto de amónio baseia-se no princípio da titulação formal. A titulação formal é efectuada na presença de formaldeído. Quando o cloreto de amónio é tratado com formaldeído, liberta-se ácido clorídrico. O ácido clorídrico libertado é titulado com hidróxido de sódio 0,1 N padrão, utilizando fenolftaleína como indicador.

NORMALIZAÇÃO

O método acidimétrico é utilizado. O ácido fraco é titulado com a base forte, produz-se sal e a reação é completamente hidrolisada e o pH é superior a 7. O hidróxido de sódio é uma base forte mas é um padrão secundário porque absorve a humidade atmosférica que é padronizada pelo ácido oxálico padrão primário. O ponto final é detectado pelo indicador de fenolftaleína.

PREPARAÇÃO DE ÁCIDO OXÁLICO 0,1 N

Num balão volumétrico de 50 ml, dissolver 0,315 g de ácido oxálico numa pequena quantidade de água e completar o volume até 50 ml.

PREPARAÇÃO DE HIDRÓXIDO DE SÓDIO 0,1 N

0,2 g de hidróxido de sódio em 50 ml de água destilada.

PROCEDIMENTO

NORMALIZAÇÃO DO HIDRÓXIDO DE SÓDIO 0,1 N

Introduzir 10 ml de solução de ácido oxálico 0,1 N num erlenmeyer. Adicionar 2-3 gotas de indicador de fenolftaleína e titular com hidróxido de sódio 0,1 N até obter uma cor rosa pálido permanente. Repetir a titulação até se obterem valores concordantes (iguais).

DOSEAMENTO DO CLORETO DE AMÓNIO

Pesar com precisão 0,1 g de cloreto de amónio. Dissolver em 20 ml de água e adicionar 5 ml de solução de formaldeído. Titular o conteúdo do balão com hidróxido de sódio 0,1 N utilizando o indicador fenolftaleína.

$$NH_4Cl + H_2O \longrightarrow NH_4OH + HCl$$
$$4NH_4OH + 6CH_2O \longrightarrow C_6H_{12}N_4 + 10\,H_2O$$
$$HCl + NaOH \longrightarrow NaCl + H_2O$$

PONTO FINAL

O ponto final é o aparecimento de uma cor rosa pálido permanente.

FACTOR EQUIVALENTE

Cada ml de hidróxido de sódio 0,1 N é equivalente a 0,005349 g de cloreto de amónio.

DOSEAMENTO DE BICARBONATO DE SÓDIO - TITULAÇÃO ÁCIDO-BASE

AIM

Estimar a quantidade de bicarbonato de sódio presente numa determinada amostra.

PRODUTOS QUÍMICOS NECESSÁRIOS

Carbonato de sódio anidro, bicarbonato de sódio, ácido clorídrico 0,1 M, indicador vermelho de metilo, água destilada.

PRINCÍPIO

Uma vez que o bicarbonato de sódio é uma base forte, irá reagir com um ácido forte. Por isso, é doseado por titulação de neutralização. Nesta titulação, o bicarbonato de sódio é dissolvido em água e titulado quantitativamente com ácido clorídrico 0,1 M. Após a reação estar completa, a gota em excesso de ácido clorídrico dá cor rosa com o indicador vermelho de metilo.

$$HCl + NaHCO_3 \longrightarrow NaCl + CO_2 + H_2O$$

A titulação de uma base forte com um ácido forte dá origem a um sal que não é hidrolisado na solução aquosa e a solução é neutralizada. A variação do pH no ponto de equivalência é medida utilizando um indicador de pH, sendo normalmente utilizado o alaranjado de metilo/vermelho de metilo como indicador em acidimetria.

PROCEDIMENTO

Pesar com exatidão cerca de 0,15 g de bicarbonato de sódio anidro previamente aquecido a 27^0 c por uma hora. Dissolver em 100 ml de água e adicionar 0,1 ml de indicador vermelho de metilo. Em seguida, titular a solução com ácido clorídrico 0,1 M até que a solução adquira uma cor rosa pálido. Em seguida, aquecer a solução até à ebulição, arrefecer e continuar a titulação até que uma cor rosa ténue deixe de ser afetada pela ebulição. Cada ml de ácido clorídrico 0,1 M é equivalente a 0,005299 g de bicarbonato de sódio.

ASSÉDIO

Pesar cerca de 0,15 g de bicarbonato de sódio. Dissolvê-lo em 50 ml de água sem dióxido de carbono. Adicionar 0,2 ml de solução indicadora de alaranjado de metilo. Titular a solução com ácido clorídrico 0,1 M. O ponto final é cor-de-rosa.

Cada ml de ácido clorídrico 0,1 M é equivalente a 0,008410 g de bicarbonato de sódio.

DOSEAMENTO DO SULFATO FERROSO - TITULAÇÃO REDOX

AIM

Efetuar o doseamento de uma determinada amostra de sulfato ferroso.

PRODUTOS QUÍMICOS NECESSÁRIOS

Ácido oxálico, permanganato de potássio, ácido sulfúrico, sulfato ferroso.

PRINCÍPIO

O sulfato ferroso é doseado por titulação redox - Permanganometria/ cerimetria. O permanganato de potássio é um poderoso agente oxidante na presença de ácido sulfúrico diluído. Durante o processo de titulação, o sulfato ferroso é oxidado em sulfato férrico. Assim que a oxidação se completa, uma gota de permanganato de potássio produz uma cor rosa permanente que indica o ponto final da reação.

$$2KMnO_4 + 3H_2SO_4 \longrightarrow K_2SO_4 + 2MnSO_4 + 3H_2O + 5(O)$$

$$2FeSO_4 + H_2SO_4 + O \longrightarrow Fe_2(SO_4)_3 + H_2O$$

$$10FeSO_4 + 2KMnO_4 + 8H_2SO_4 \longrightarrow 5Fe_2(SO_4)_3 + 2MnSO_4 + K_2SO_4 + H_2O$$

NORMALIZAÇÃO DO PERMANGANATO DE POTÁSSIO 0,1 N

O permanganato de potássio é um padrão secundário que é padronizado através da utilização do padrão primário ácido oxálico (substância redutora). O permanganato de potássio em meio ácido oxida o ácido oxálico em dióxido de carbono. A temperatura deve ser mantida a 60 -70^{00} c para acelerar a reação de titulação. Não é necessário indicador porque o permanganato de potássio actua como um auto-indicador.

PROCEDIMENTO

PREPARAÇÃO DE PERMANGANATO DE POTÁSSIO 0,1 N

0,316 g de permanganato de potássio em 100 ml de água destilada

PREPARAÇÃO DE ÁCIDO OXÁLICO 0,1 N

0,63 g de ácido oxálico em 100 ml de água destilada

TITULAÇÃO

Pipetar 10 ml da solução de ácido oxálico acima preparada para um erlenmeyer limpo e adicionar 10 ml de ácido sulfúrico diluído. Aquecer o conteúdo do balão a 70^0 c c titular com permanganato de potássio, que foi preparado como solução de bureta. Continuar a titulação até se obter uma cor rosa pálido. Repetir a titulação para obter um valor concordante.

DOSEAMENTO DO SULFATO FERROSO

Pesar com exatidão 1 g de sulfato ferroso e dissolvê-lo em 20 ml de ácido sulfúrico diluído. Titular o conteúdo do balão com solução de permanganato de potássio 0,1 N até obter uma cor rosa pálido. Repetir a titulação para obter um valor concordante.

PONTO FINAL

O ponto final é o aparecimento de uma cor rosa pálido permanente.

FACTOR DE EQUIVALÊNCIA

Cada ml de permanganato de potássio 0,1 N é equivalente a 0,02789 g de sulfato ferroso.

DOSEAMENTO DO SULFATO DE COBRE - IODOMETRIA

AIM

Efetuar o doseamento de uma determinada amostra de sulfato de cobre.

PRODUTOS QUÍMICOS NECESSÁRIOS

Sulfato de cobre, tiossulfato de sódio 0,1 n, iodeto de potássio, ácido acético, amido.

PRINCÍPIO

Trata-se de um tipo de titulação iodométrica. Depende da instabilidade do iodeto cúprico, que se forma na reação entre o sulfato de cobre e o iodeto de potássio, com libertação de iodo livre. Quando se deixa o sulfato de cobre reagir com o iodeto de potássio na presença de ácido acético, forma-se iodeto cúprico.

$$2CuSO_4 + 4KI \longrightarrow 2CuI_2 + 2K_2SO_4$$
$$2CuI2 \longrightarrow Cu_2I_2 + I_2$$
$$I_2 + 2Na_2S_2O_3 \longrightarrow Na_2S_4O_6 + 2NaI$$
$$Cu_2I_2 + KCNS \longrightarrow 2CuCNS + 2KI$$

O iodo livre reage com o tiossulfato de sódio titulante, resultando na formação de tetrationato de sódio e iodeto de sódio.

PROCEDIMENTO

NORMALIZAÇÃO DO TIOSSULFATO DE SÓDIO 0,1 N

Pipetar 25 ml de solução de iodo 0,1 N para um erlenmeyer com rolha de vidro. Titular com tiossulfato de sódio 0,1 N até ao aparecimento de uma cor amarela ténue. Adicionar amido como indicador e completar a titulação até ao aparecimento de uma solução incolor.

ASSÉDIO

Pesar 1 g da amostra e dissolver em 50 ml de água. Adicionar 4 ml de ácido acético e 3 g de iodeto de potássio e titular o iodo libertado com tiossulfato de sódio 0,1 N, utilizando o amido como indicador. Efetuar um ensaio em branco e fazer as correcções necessárias. Cada ml de tiossulfato de

sódio 0,1 N é equivalente a 0,02497 g de sulfato de cobre.

DOSEAMENTO DO GLUCONATO DE CÁLCIO - COMPLEXOMETRIA

AIM

Determinar a percentagem de pureza de uma determinada amostra de gluconato de cálcio por método

complexométrico.

PRODUTOS QUÍMICOS NECESSÁRIOS

Gluconato de cálcio, sulfato de magnésio, solução de amoníaco forte, EDTA dissódico, indicador

preto-II moderno.

PRINCÍPIO

O gluconato de cálcio é doseado pelo método de titulação de substituição complexométrica. Na

estimativa dos iões de cálcio, adiciona-se um tampão de cloreto de amónio e amoníaco e um volume

conhecido de sulfato de magnésio. Forma-se assim um complexo de magnésio e EDTA. Nesta reação,

forma-se um complexo estável de EDTA de cálcio e libertam-se iões de magnésio, que são titulados

com uma solução padrão de EDTA dissódico. É efectuada uma titulação em branco. As diferenças

indicam a quantidade de EDTA consumida pelo gluconato de cálcio. Os iões de cálcio e de magnésio

podem ser titulados diretamente. No entanto, na análise dos sais de cálcio, adiciona-se sulfato de

magnésio para melhorar a nitidez da mudança de cor no ponto final.

Calcium EDTA Complex

PROCEDIMENTO

PREPARAÇÃO E NORMALIZAÇÃO DE 0,05 M EDTA

Dissolver 18,6 g de EDTA dissódico em água suficiente para produzir 1000 ml. Pesar com exatidão cerca de 0,8 g de zinco e dissolver em 12 ml de HCl diluído por aquecimento. Adicionar algumas gotas de água de bromo durante a preparação da solução. Ferver para remover o bromo, arrefecer e adicionar água até perfazer 200 ml. Pipetar 20 ml da solução, adicionar hidróxido de sódio 2 N até à neutralidade e diluir até cerca de 150 ml com água. Adicionar agora cerca de 15 a 20 ml de tampão de amónio, adicionar 50 mg de mistura negra mordente e titular com EDTA dissódico 0,05 M até obter uma cor verde.

PREPARAÇÃO DO TAMPÃO DE AMÓNIO P^H 10

Pesar 5,4 g de cloreto de amónio e adicionar 20 ml de água e 35 ml de amoníaco 10 M, completando o volume a 100 ml com água.

PREPARAÇÃO DE UM TAMPÃO DE CLORETO DE AMÓNIO E AMONÍACO

Pesar 67,5 g de cloreto de amónio, juntar 200 ml de água, 570 ml de amoníaco e completar com água até 1000 ml.

ASSÉDIO

Pesar com exatidão cerca de 0,5 g de gluconato de cálcio em pó e dissolver em 50 ml de água morna. Deixar arrefecer e adicionar 5 ml de solução de sulfato de magnésio 0,05 M. Adicionar 10 ml de solução forte de cloreto de amónio e titular com EDTA dissódico 0,05 M utilizando o indicador preto-II moderno. Efetuar a titulação em branco. Cada ml de EDTA dissódico 0,05 M é equivalente a 0,02242 g de gluconato de cálcio.

DOSEAMENTO DO PERÓXIDO DE HIDROGÉNIO - PERMANGANOMETRIA

AIM

Para efetuar o ensaio do peróxido de hidrogénio.

PRODUTOS QUÍMICOS NECESSÁRIOS

Peróxido de hidrogénio, solução de permanganato de potássio 0,1 N, ácido sulfúrico de endro, ácido oxálico.

PRINCÍPIO

Na análise volumétrica, muitas reacções envolvem o processo de reacções de oxidação e redução. O agente oxidante é estimado através da titulação com um agente redutor e vice-versa. Estas titulações são designadas por titulações red-ox. A padronização do permanganato de potássio é um exemplo de titulação vermelho-ox. O permanganato de potássio é um poderoso agente oxidante e, em meio ácido, oxida o ácido oxálico em dióxido de carbono.

$$2KMnO_4 + 3\,H_2SO_4 + 5H_2O_2 \longrightarrow K_2SO_4 + 2MnSO_4 + 8H_2O + 5O_2$$

A temperatura é mantida a 60-70^0 C durante a titulação, uma vez que a reação se processa lentamente à temperatura ambiente. Não é necessário indicador, uma vez que o permanganato de potássio actua como auto-indicador.

PROCEDIMENTO

PREPARAÇÃO DE PERMANGANATO DE POTÁSSIO 0,1 N

Pesar com exatidão cerca de 3,2 g de permanganato de potássio num vidro de relógio, transferir o conteúdo para um copo de 250 ml contendo água fria e agitar vigorosamente com uma vareta de vidro. Completar o volume para 1 litro com água destilada.

NORMALIZAÇÃO DO PERMANGANATO DE POTÁSSIO 0,1 N

Pesar com exatidão cerca de 6,3 g de ácido oxálico para um balão volumétrico de 1 litro, dissolver em água em quantidade suficiente e perfazer o volume. Pipetar 25 ml desta solução e adicionar 5 ml de ácido sulfúrico concentrado ao longo das paredes do balão. Agitar cuidadosamente o conteúdo e aquecer a 70^0 c. Titular com solução de permanganato de potássio 0,1 N até à obtenção de uma cor rosa ténue. Repetir a titulação para obter um valor concordante.

ASSÉDIO

Diluir 1 ml de peróxido de hidrogénio para 100 ml com água destilada num balão volumétrico. A 10 ml desta solução adicionar 20 ml de ácido sulfúrico diluído. Titular com solução de permanganato de potássio 0,1 N até obter uma cor rosa permanente. Cada ml de titulação com solução de permanganato de potássio 0,1 N equivale a 1,7007 mg de peróxido de hidrogénio.

DOSEAMENTO DO BENZOATO DE SÓDIO - TITULAÇÃO NÃO AQUOSA

AIM

Para estimar a quantidade de benzoato de sódio presente na amostra dada

PRODUTOS QUÍMICOS NECESSÁRIOS

Benzoato de sódio, ácido perclórico 0,1 N, violeta cristal.

PRINCÍPIO

Os sais de ácido carboxílico, quando dissolvidos em ácido acético, comportam-se como uma base forte e podem ser titulados com ácido perclórico acético. O anião do sal actua de facto como uma base, uma vez que aceita o protão do ácido perclórico acético.

$$CH_3COOH \rightleftharpoons H^+ + CH_3COO^-$$

$$HClO_4 \rightleftharpoons H^+ + ClO_4^-$$

$$CH_3COOH + H^+ \rightleftharpoons CH_3COOH_2^+$$

PROCEDIMENTO

NORMALIZAÇÃO DO ÁCIDO PERCLÓRICO 0,1 N

Transferir 0,35 g de hidrogenoftalato de potássio previamente pulverizado e seco a 120^0 c durante 2 horas. Dissolver em 50 ml de ácido acético glacial. Adicionar duas gotas de violeta cristal e titular com ácido perclórico 0,1 N. O ponto final é a mudança de cor de violeta para verde-esmeralda. Efetuar a determinação em branco. Cada ml de ácido perclórico 0,1 N é equivalente a 0,02042 g de ftalato de hidrogénio e potássio.

ASSÉDIO

Transferir 0,6 g de amostra de benzoato de sódio, pesada com exatidão, para um erlenmeyer seco, adicionar 100 ml de ácido acético glacial, aquecer, se necessário, para dissolver a amostra, arrefecer e titular com ácido perclórico 0,1 N, utilizando violeta de cristal como indicador. Efetuar uma determinação em branco e proceder às correcções necessárias. Cada ml de ácido perclórico 0,1 N é equivalente a 0,01441 g de benzoato de sódio.

DOSEAMENTO DO CLORETO DE SÓDIO - MÉTODO DE VOLHARDS

AIM

Estimar a quantidade de cloreto de sódio na amostra dada.

PRODUTOS QUÍMICOS NECESSÁRIOS

Nitrato de prata 0,1 M, ácido nítrico 2M, ftalato de dibutilo, tiocianato de amónio 0,1 M, sulfato férrico de amónio.

PRINCÍPIO

Neste caso, verifica-se a formação de um composto colorido solúvel no ponto final. O ião prata é titulado com tiocianato numa solução ácida utilizando o ião férrico como indicador. Inicialmente, o tiocianato de prata é precipitado. Após o ponto de equivalência, quando não está presente Ag^+, o excesso de tiocianato adicionado reage com Fe^{+++} para dar tiocianato férrico castanho-avermelhado. Este método é preciso e mais frequentemente utilizado para a determinação de halogenetos. À solução de halogenetos, por exemplo de cloreto, adiciona-se um excesso medido de nitrato de prata padrão. O cloreto de prata precipita-se completamente e o excesso de iões Ag^+ é titulado com tiocianato de amónio ou de potássio padrão, utilizando Fe^{+++} como indicador. No final da titulação de retorno, forma-se tiocianato férrico castanho-avermelhado.

$$AgNO_3 + NaCl \longrightarrow AgCl + NaNO_3$$
$$AgNO_3 + NH_4SCN \longrightarrow AgSCN + NH_4NO_3$$

PROCEDIMENTO

PREPARAÇÃO DE 0,1 M DE TIOCIANATO DE AMÓNIO

Tomar 7,62 g de tiocianato de amónio, pesados com precisão, e dissolvê-los numa quantidade suficiente de água. Completar o volume com água até 1000 ml.

PREPARAÇÃO DE UMA SOLUÇÃO DE NITRATO DE PRATA 0,1 M

Tomar 16,99 g de nitrato de prata, pesados com exatidão, e dissolvê-los numa quantidade suficiente de água.

Completar o volume para 1000 ml com água.

NORMALIZAÇÃO DO TIOCIANATO DE AMÓNIO 0,1 M

Pipetar 30 ml de solução de nitrato de prata 0,1 M para um balão, diluir com 50 ml de água, 2 ml de ácido nítrico e 2 ml de sulfato férrico de amónio e titular com solução de tiocianato de amónio até obter uma cor castanha avermelhada. Cada ml de nitrato de prata 0,1 M é equivalente a 0,007612 g de tiocianato de amónio.

ASSÉDIO

Pesar com exatidão cerca de 0,1 g de substância e dissolver em 50 ml de água num balão com rolha de vidro. Adicionar 50 ml de nitrato de prata 0,1 M, 5 ml de ácido nítrico 2M e 2 ml de nitrobenzeno, agitar bem e titular com tiocianato de amónio 0,1 M, utilizando 2 ml de solução de sulfato férrico de amónio como indicador, até a cor se tornar amarelo-avermelhada. Cada ml de nitrato de prata 0,1 M é equivalente a 0,005844 g de cloreto de sódio.

DOSEAMENTO DE IODETO DE POTÁSSIO - TITULAÇÕES DE IODATO DE POTÁSSIO

AIM

Determinar a percentagem de pureza de uma determinada amostra de iodeto de potássio.

PRODUTOS QUÍMICOS NECESSÁRIOS

Iodeto de potássio, iodato de potássio 0,05 N, amido, ácido sulfúrico, tiossulfato de sódio 0,1 N, clorofórmio.

PRINCÍPIO

O iodeto de potássio foi determinado pelo método do monocloreto de iodo. A reação envolve a oxidação do iodeto de potássio pelo iodato de potássio na presença de ácido clorídrico, o iodo produzido inicialmente pela redução do iodato sofre solvólise por um solvente polar.

$$5HI + HIO_3 \longrightarrow 3I_2 + 3H_2O$$

$$5HI + 2I_2 + HIO_3 \longrightarrow 5ICl + 3H_2O$$

$$KIO_3 + 2KI + 6HCl \longrightarrow 3KCl + 3ICl + 3H_2O$$

$$KIO_3 + 2I_2 + 6HCl \longrightarrow KCl + 5ICl + 3H_2O$$

O catião iodo forma monocloreto de iodo num meio com concentração suficiente de ácido clorídrico e estabilizado pela formação de iões complexos. Na prática atual, é utilizado clorofórmio para tornar visível o ponto final. O iodo é libertado nas fases iniciais da titulação, o que torna a camada de clorofórmio colorida. Quando o iodato completa a oxidação do iodo, a cor da camada de clorofórmio desaparece.

PROCEDIMENTO

PREPARAÇÃO DE IODATO DE POTÁSSIO 0,05 N

Pesar com exatidão 10,7 g de iodato de potássio dissolvidos num volume suficiente de água destilada e completar o volume até 1000 ml.

PREPARAÇÃO DE UMA SOLUÇÃO DE TIOSSULFATO DE SÓDIO 0,1 N

Transferir 6,025 g de tiossulfato de sódio para um balão volumétrico de 250 ml, dissolver em 1000 ml de água destilada.

NORMALIZAÇÃO DO IODATO DE POTÁSSIO 0,05 N

Pipetar 25 ml de solução de iodato de potássio 0,05 N e diluir para 100 ml com água. A 20 ml desta solução, adicionar 2 g de iodeto de potássio e 10 ml de ácido sulfúrico 1 M. Titular o iodo libertado com tiossulfato de sódio 0,1 N até a solução adquirir uma cor amarela clara. Adicionar 5 ml de indicador de amido e continuar a titulação até que a cor azul seja eliminada.

ASSÉDIO

Pesar com exatidão 0,5 g de iodeto de potássio e dissolver em 50 ml de água destilada. Adicionar 60 ml de ácido clorídrico conc. e titular com iodato de potássio 0,05 N. A solução adquire uma cor castanha devido à libertação de iodo. A solução torna-se mais clara à medida que a titulação prossegue devido à formação de monocloreto de iodo. Quando a solução se torna amarela pálida, adiciona-se clorofórmio. O clorofórmio é imiscível com a solução aquosa e dá origem a uma solução de cor violeta na presença de iodo. É necessário agitar vigorosamente a solução. O ponto final é atingido quando a solução de clorofórmio se torna incolor. 1 ml de iodato de potássio 0,05 M é equivalente a 0,0166 g de iodeto de potássio.

DETERMINAÇÃO GRAVIMÉTRICA DO BÁRIO SOB A FORMA DE SULFATO DE BÁRIO

AIM

Estimar a quantidade de bário na totalidade da solução dada de cloreto de bário.

PRINCÍPIO

A solução de cloreto de bário dada é completada até um volume definido. Um volume medido é então tratado com ácido sulfúrico diluído e, em seguida, tratado com ácido sulfúrico diluído e o bário precipita como sulfato de bário.

$$BaCl_2 + H_2SO_4 \longrightarrow BaSO_4 + 2HCl$$

O sulfato de bário precipitado é separado e pesado. A massa de bário em toda a solução dada é calculada sabendo que 233,36 g de sulfato de bário contém 137,36 g de bário.

A solubilidade do sulfato de bário em água fria é de cerca de 2,5 mg L-'; é, no entanto, maior em água quente ou em ácido clorídrico ou nítrico diluído, e menor em soluções contendo um ião comum.

PROCEDIMENTO

Colocar a solução de cloreto de bário (20 ml) num copo limpo. Adicionar 0,5 ml de HCl concentrado e 100 ml de água. Aquecer a solução até à ebulição ($80\text{-}90^0$ C) e adicionar ácido sulfúrico 2N diluído quente gota a gota, agitando até à precipitação completa. Adicionar o precipitado para assentar, adicionar mais ácido sulfúrico diluído 2N ao líquido límpido. Adicionar mais ácido sulfúrico diluído à solução sobrenadante límpida para verificar se a precipitação está completa. Manter o copo no banho-maria em ebulição durante meia hora (digerir o precipitado). Arrefecer e deixar o precipitado assentar. Filtrar o precipitado com um papel de filtro Whatman n.º 42. Lavar o precipitado várias vezes com água quente para eliminar as impurezas. Transferir o precipitado do copo para o papel de filtro e colocá-lo num cadinho de porcelana Gooch previamente tarado. Aquecer suavemente sobre uma pequena chama azul para carbonizar o papel de filtro. Aquecer durante mais algum tempo e adicionar 1 gota de HCl concentrado e 1 gota de H2SO4 concentrado. Aquecer durante meia hora, arrefecer e pesar. Repetir o processo de aquecimento, arrefecimento e pesagem até se obter um peso constante.

DOSEAMENTO DO TARTARATO DE ANTIMÓNIO E POTÁSSIO

AIM

Para estimar a quantidade de tartarato de antimónio e potássio na amostra dada

PRODUTOS QUÍMICOS NECESSÁRIOS

Tartarato de potássio e antimónio, tartarato de sódio e potássio, borato de sódio, amido Ts.

PRINCÍPIO

O ensaio do tartarato de antimónio e potássio utiliza uma titulação iodométrica direta com iodo 0,1 N. Ocorre uma reação de oxidação-redução entre o analito e o titulante, resultando na redução do iodo a iodeto e na oxidação do antimónio trivalente a antimónio pentavalente. O indicador utilizado é o amido Ts, no qual o aparecimento de uma cor azul persistente indica o ponto final da titulação. A titulação deve ser efectuada num meio ligeiramente alcalino (pH 8), que deve ser enriquecido com a adição de borato de sódio.

PREPARAÇÃO DA SOLUÇÃO DE IODO 0,1 N

Num balão de 1 litro, dissolver 40 g de iodeto de potássio em 25 mL de água destilada. Adicionar e dissolver 12,7 g de iodo. Diluir até 1 litro com água destilada. Armazenar num frasco de Pyrex com rolha, ao abrigo da luz.

PREPARAÇÃO DE UMA SOLUÇÃO DE TIOSSULFATO DE SÓDIO 0,1 N

Adicionar 800 mL de água destilada recentemente fervida e arrefecida a um balão volumétrico de 1 litro com uma barra de agitação de Teflon. Adicionar e dissolver 24,82 ± 0,001 g de tiossulfato de sódio 5-hidratado. Retirar a barra de agitação de Teflon. Adicionar 1 mg de iodeto de mercúrio como conservante e dissolver. Diluir até ao volume com água destilada recentemente fervida e arrefecida e misturar.

NORMALIZAÇÃO DA SOLUÇÃO DE IODO 0,1 N

Pipetar 20,0 mL de tiossulfato de sódio 0,1 N recentemente padronizado para um erlenmeyer de 125 mL contendo 50 mL de água destilada. Adicionar 2 mL de indicador de amido a partir de uma pipeta tip-up. Utilizando uma bureta de 25 mL, titular com o iodo a ser padronizado. O ponto final é indicado pelo aparecimento da primeira cor azul. Registar o volume de iodo utilizado para a titulação.

ASSÉDIO

Dissolver cerca de 500 mg de tartarato de antimónio e potássio, pesados com exatidão, em 50 ml de água, adicionar 5 g de tartarato de sódio e potássio, 2 g de borato de sódio e 3 ml de amido Ts e titular imediatamente com iodo 0,1 N VS até à produção de uma cor azul persistente. Cada ml de iodo 0,1 N VS é equivalente a 16,7 mg de tartarato de potássio e antimónio.

Amido TS

Pesar 1 g de amido com 10 mg de iodeto de mercúrio vermelho e água fria suficiente para formar uma pasta fina, adicionar lentamente a 200 ml de água a ferver, agitando, e deixar ferver até a mistura se tornar translúcida. Deixar arrefecer e repousar, e utilizar o sobrenadante como TS de amido. Preparar de fresco antes de utilizar.

ENSAIO DE IDENTIDADE DO BICARBONATO DE SÓDIO

AIM

Determinar o teste de identidade de uma determinada amostra de bicarbonato de sódio.

PROCEDIMENTO

Sódio

1. Dissolve-se 0,1 g de substância em 2 ml de água. Juntar 2 ml de uma solução a 15% de carbonato de potássio e aquecer até à ebulição; não se forma qualquer precipitado. Juntar 4 ml de solução de antimonato de potássio recentemente preparada e aquecer até à ebulição. Deixar arrefecer a solução

em água gelada e, se necessário, esfregar o interior do tubo de ensaio com uma vareta de vidro; forma-se um precipitado denso e branco.

2.   Acidifica-se uma solução da substância com ácido acético 1 N e adiciona-se um grande excesso de solução de acetato de uranilo e magnésio; forma-se um precipitado cristalino amarelo.

Bicarbonato

1.   As soluções de bicarbonatos, quando fervidas, libertam dióxido de carbono.

2.   Os bicarbonatos efervescem com os ácidos, libertando um gás incolor que, ao passar pelo hidróxido de cálcio Ts, produz imediatamente um precipitado branco.

3.   Uma solução da substância é tratada com uma solução de sulfato de magnésio, não se formando qualquer precipitado. Ao entrar em ebulição, forma-se um precipitado branco.

ENSAIO DE IDENTIDADE DO SULFATO DE BÁRIO

AIM

Determinar o teste de identidade de uma determinada amostra de sulfato de bário.

PROCEDIMENTO

Bário

1.   Os sais de bário conferem uma cor verde-amarelada a uma chama não luminosa, que parece azul quando vista através de um vidro verde.

2.   Dissolvem-se 20 mg de substância em 5 ml de HCl diluído, adicionam-se 2 ml de ácido sulfúrico diluído; forma-se um precipitado branco insolúvel em ácido nítrico.

Sulfato

1.   Dissolvem-se 50 mg de substância em 5 ml de água. Adicionam-se 1 ml de HCl diluído e 1 ml de solução de cloreto de bário. HCl diluído e 1 ml de solução de cloreto de bário; forma-se um precipitado branco.

2.   Dissolvem-se 50 mg de substância em 5 ml de água. Adicionam-se 2 ml de solução de acetato de chumbo; forma-se um precipitado branco solúvel em solução de acetato de amónio e em solução de hidróxido de sódio.

ENSAIO DE IDENTIDADE DO SULFATO FERROSO

AIM

Determinar o teste de identidade de uma determinada amostra de sulfato ferroso.

PROCEDIMENTO

Ferrosos

1.   A 1 ml da solução, adiciona-se 1 ml de solução de ferricianeto de potássio; forma-se um precipitado azul escuro insolúvel em HCl diluído e decomposto pelo hidróxido de sódio. HCl diluído e é decomposto pelo hidróxido de sódio.

2.   A 1 ml da solução, adiciona-se 1 ml de solução de ferrocianeto de potássio; forma-se um precipitado branco que rapidamente se torna azul e é insolúvel em HCl diluído. HCl diluído.

Sulfato

1.   Dissolvem-se 50 mg de substância em 5 ml de água. Adicionam-se 1 ml de HCl diluído e 1 ml de solução de cloreto de bário. HCl diluído e 1 ml de solução de cloreto de bário; forma-se um precipitado branco.

2.   Dissolvem-se 50 mg de substância em 5 ml de água. Adicionam-se 2 ml de solução de acetato de chumbo; forma-se um precipitado branco solúvel em solução de acetato de amónio e em solução de hidróxido de sódio.

ENSAIO DE IDENTIDADE DO CLORETO DE POTÁSSIO

AIM

Determinar o teste de identidade de uma determinada amostra de cloreto de potássio.

PROCEDIMENTO

Potássio

1.   Dissolvem-se 50 mg da substância em 1 ml de água. Adiciona-se 1 ml de ácido acético diluído e 1 ml de ácido sulfúrico. ácido acético e 1

Adicionam-se ml de solução a 10 % de nitrito de sódio e cobalto recentemente preparada; forma-se imediatamente um precipitado amarelo ou amarelo-alaranjado.

2.   Dissolve-se 0,1 g da substância em 2 ml de água. A solução é aquecida com 1 ml de

solução de carbonato de sódio; não se forma qualquer precipitado. Adicionam-se 0,05 ml de solução de sulfureto de sódio; não se forma qualquer precipitado. Arrefece-se em água gelada e adicionam-se 2 ml de solução a 15% p/v de ácido tartárico, deixa-se repousar e forma-se um precipitado branco cristalino.

3.   Incendiar alguns mg da substância, arrefecer e dissolver na quantidade mínima de água. Adiciona-se a esta solução 1 ml de solução de cloreto de platina em presença de 1 ml de ácido clorídrico; forma-se um precipitado cristalino amarelo que, ao inflamar-se, deixa um resíduo de cloreto de potássio e de platina.

Cloreto

1.   Dissolve-se em 2 ml de água uma quantidade de substância equivalente a cerca de 2 mg de ião cloreto. Acidifica-se com ácido nítrico diluído e adiciona-se 0,5 ml de nitrato de prata. A solução é agitada e deixada em repouso; forma-se um precipitado branco encaracolado, insolúvel em ácido nítrico, mas solúvel, depois de bem lavado com água, numa solução diluída de amoníaco, da qual é reprecipitado por adição de ácido nítrico.

2.   Introduzir num tubo de ensaio uma quantidade de substância equivalente a cerca de 1 mg de ião cloreto; adicionar 0,2 g de dicromato de potássio e 1 ml de ácido sulfúrico. Coloca-se sobre a abertura do tubo de ensaio uma tira de papel de filtro humedecida com 0,1 ml de solução de

difenilcarbazida; o papel torna-se vermelho-violeta. O papel humedecido não deve entrar em contacto com a solução de dicromato de potássio.

ESTIMATIVA DA MISTURA DE HIDRÓXIDO DE SÓDIO E CARBONATO DE SÓDIO

AIM

Estimar a mistura de hidróxido de sódio e carbonato de sódio na amostra dada.

PRINCÍPIO

$$NaOH + HCl \longrightarrow NaCl + H_2O \text{ (I)}$$

$$Na_2CO_3 + HCl \longrightarrow NaHCO_3 + NaCl \text{ (II)}$$

$$NaHCO_3 + HCl \longrightarrow NaCl + H_2O + CO_2 \text{ (III)}$$

Se se adicionar ácido a uma mistura de hidróxido de sódio e carbonato de sódio em solução, utilizando a fenolftaleína como indicador, a cor rosa do indicador é eliminada quando as reacções I e II estão completas. Se agora se adicionar o alaranjado de metilo e uma nova quantidade de ácido, a quantidade necessária será a necessária para completar a reação II. Mas uma mole de hidrogenocarbonato de sódio foi formada a partir de uma mole de carbonato de sódio, pelo que as quantidades de ácido necessárias para as reacções II e III serão as mesmas.

Suponha que o volume de ácido necessário para atingir o ponto final indicado pela fenolftaleína é "a" ml e que o volume adicional de ácido para atingir o ponto final indicado pelo alaranjado de metilo é "b" ml. O volume de ácido que reage com o carbonato de sódio para formar cloreto de sódio, água e dióxido de carbono é "2b "ml. O volume do ácido que reage com o hidróxido de sódio é '(a-b)'ml.

PROCEDIMENTO

Pipetar 25 ml da solução que contém hidróxido de sódio e carbonato de sódio para um erlenmeyer.

Adicionar 1-2 gotas de solução de fenolftaleína e titular com solução de ácido clorídrico 0,2 M até à eliminação da cor rosa.

Registar a leitura da bureta e adicionar algumas gotas do indicador laranja de metilo.

Titular com solução de ácido clorídrico 0,2 M até que a cor amarela do alaranjado de metilo mude para laranja.

Registar a leitura da bureta.

ESTIMATIVA DA MISTURA DE ÁCIDO OXÁLICO E OXALATO DE SÓDIO

AIM

Estimar a mistura de ácido oxálico e oxalato de sódio na amostra dada.

PRINCÍPIO

A solução da mistura é primeiro titulada com uma solução 0,05 N de hidróxido de sódio. Apenas o ácido oxálico reage com o hidróxido de sódio, enquanto que o outro componente, o oxalato de sódio, não reage de todo com o hidróxido de sódio.

A solução da mistura é titulada com permanganato de potássio 0,1 N. Nesta titulação, tanto o ácido oxálico como o oxalato de sódio reagem com o permanganato de potássio e dão a normalidade combinada do ácido oxálico e do oxalato de sódio presentes na mistura. Assim, a normalidade do oxalato de sódio pode ser avaliada subtraindo a normalidade do ácido oxálico à normalidade da mistura.

PROCEDIMENTO

Pipetar 20 ml da solução da mistura. Adicionar 1-2 gotas de indicador de fenolftaleína e titular com solução de hidróxido de sódio 0,05 N. O ponto final é o aparecimento de uma cor rosa pálido permanente.

Pipetar 20 ml da solução da mistura. Adicionar um tubo de ensaio com ácido sulfúrico diluído. Ácido sulfúrico diluído. Aquecer a solução a 60-70^0 c e titular com permanganato de potássio 0,1 N até ao aparecimento de uma cor rosa pálido.

Referências

1. A Farmacopeia Indiana: Controller of Publications, Deli.

2. Química Farmacêutica Prática: A. H. Beckett, J.B. Stenlake; CBS Publishers, Delhi.

3. Química Inorgânica Medicinal e Farmacêutica: J. H. Block, E. B. Roche, T. O. Soine, C. O. Wilson, Varghese Publishing House, First Indian Reprint, 1986.

4. Bentley and Driver's Textbook of Pharmaceutical Chemistry: Revised by L. M. Atherden, Oxford University Press, 8th Ed. 1969.

5. The Indian Pharmacopoeia, última edição, Controller of Publications, Deli.

6. Vogel's Qualitative Inorganic Analysis Revised by G. Svehla, Longman Gr. Ltd., 7th Ed. 1996.

Printed by Books on Demand GmbH, Norderstedt / Germany